ACACIA

1. CULTRIFORMIS.   2. LONGIFOLIA.   3. RETINODES.   4. DEALBATA.

Nᵒ 15196.

O. DOIN. ÉDITEUR.   PL. 1.   IMP. J. MINOT & Cⁱᵉ

J. MINOT & Cⁱᵉ IMPRIMEURS 5, RUE BÉRANGER, PARIS

Nº 15197.

ANEMONE

1. FULGENS.   2. F. FL. PLENO.   3. F. HYBRIDE.   4. STELLATA.
5. SIMPLE ÉCARLATE HATIVE.   6. SIMPLE DE CAEN.   7. DBLE DE CAEN.   8. DBLE A FL. DE CHRYSANTHÊME.
9. CHAPEAU DE CARDINAL.

DÉPÔT LÉGAL
1892

O DOIN. ÉDITEUR.   PL. 2.   IMP. J. MINOT & CIE
J. MINOT & CIE IMPRIMEURS 5, RUE BÉRANGER, PARIS

ANGRÆCUM SESQUIPEDALE

Nᵒ 15198.

O. DOIN, ÉDITEUR.

PL. 3.

IMP. J. MINOT & Cⁱᵉ

J. MINOT & Cⁱᵉ IMPRIMEURS 5, RUE BÉRANGER, PARIS

N°. 15199.

ANŒCTOCHILUS

1. FREDERICI-AUGUSTI.   2. REGALIS AUREUS.   3. R. INTERMEDIUS.   4. RUBRO-VENIUS.

O. DOIN, ÉDITEUR.   PL. 4.   IMP. J. MINOT & Cᴵᴱ

J. MINOT & Cᵉ IMPRIMEURS 5, RUE BÉRANGER, PARIS

AQUILEGIA

1. CŒRULEA.   2. C. FL. PLENO.   3. CALIFORNICA.   4. CHRYSANTHA.
5. VULGARIS FL. PLENO.   6. D° HYBRIDA.

O. DOIN, ÉDITEUR.   PL. 5.   IMP. J. MINOT & CIE
J. MINOT & C^E IMPRIMEURS 5, RUE BÉRANGER, PARIS

ARISTOLOCHIA GOLDIEANA

N°. 15201.

O. DOIN, ÉDITEUR.

PL. 6.

IMP. J. MINOT & Cⁱᵉ

J. MINOT & Cᵉ IMPRIMEURS 5, RUE BÉRANGER, PARIS

No 15202.

BEGONIA

1. WORTHIANA. 2. SEMPERFLORENS VERNON. 3. Dᴸᴸᴱ MULTIFLORE SOLEIL D'AUSTERLITZ.
4. Dº Mᴹᴱ COURTOIS. 5. HYBRIDE ERECTA ROI DES ROUGES.
6. Dº BLANC. 7. Dº ROSE. 8. Dº JAUNE. 9. Dº ORANGE. 10. Dº PANACHÉ.

O. DOIN, ÉDITEUR. PL. 7. Iᴍᴘ. J. MINOT & Cⁱᴱ

J. MINOT & Cⁱᴱ IMPRIMEURS 5, RUE BÉRANGER, PARIS

N°. 15203.

BLANDFORDIA

1. FLAMMEA. 2. F. PRINCEPS.

A. LEFEVRE, PINX^t

DÉPÔT LÉGAL
Série
N°
1892

O. DOIN, ÉDITEUR.   PL. 8.   IMP. J. MINOT & Cie

J. MINOT & Cie IMPRIMEURS 5, RUE BÉRANGER, PARIS

CAMPANULA

I. LATIFOLIA MACRANTHA.   2. CARPATICA CÆRULEA ET ALBA.
3. MEDIUM CALYCANTHEMA VARS.

O. DOIN, ÉDITEUR.   PL. 9.   IMP. J. MINOT & CIE

CARAGUATA CONIFERA.

O. DOIN, ÉDITEUR.   PL. 10.   IMP. J. MINOT & Cⁱᵉ

CATTLEYA SKINNERI.

O. DOIN, ÉDITEUR.   PL. 11.   IMP. J. MINOT & Cⁱᵉ

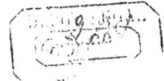

J. MINOT & Cⁱᵉ IMPRIMEURS 5, RUE BÉRANGER, PARIS

CINERARIA

VARIÉTÉS HYBRIDES.

O. DOIN, ÉDITEUR.   PL. 12.   IMP. J. MINOT & Cⁱᵉ

J. MINOT & Cⁱᵉ IMPRIMEURS 5, RUE BÉRANGER, PARIS

DICTIONNAIRE PRATIQUE D'HORTICULTURE ET DE JARDINAGE

CLEMATIS

1. LANUGINOSA LA FRANCE.   2. VITICELLA KERMESINA.   3. JACKMANNI ALBA.
4. J. Mᵐᵉ GRANGÉ.   5. ERIOSTEMON (C. HENDERSONI).

O. DOIN, ÉDITEUR.   PL. 13.   IMP. J. MINOT & Cⁱᵉ

J. MINOT & Cⁱᵉ IMPRIMEURS 5, RUE BÉRANGER, PARIS

DICTIONNAIRE PRATIQUE D'HORTICULTURE ET DE JARDINAGE

A. LEFEVRE, PINX^re

CŒLOGYNE CRISTATA.

O. DOIN, Éditeur.   Pl. 14.   Imp. J. MINOT & Cie

J. MINOT & Ce IMPRIMEURS 5, RUE BÉRANGER, PARIS

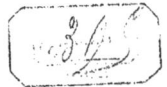

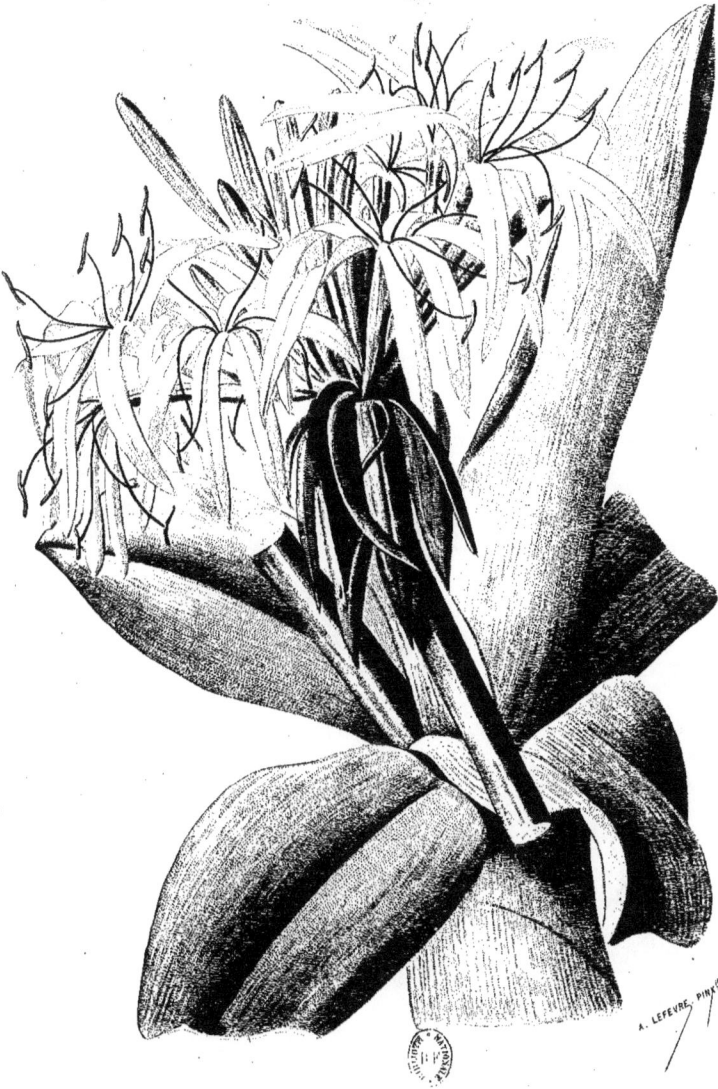

CRINUM ASIATICUM.

O. DOIN, ÉDITEUR.   PL. 15.   IMP. J. MINOT & Cⁱᵉ

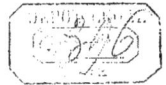

J. MINOT & Cⁱᵉ IMPRIMEURS 5, RUE BÉRANGER, PARIS

CYMBIDIUM LOWIANUM.

O. DOIN, ÉDITEUR.   PL. 16.   IMP. J. MINOT & Cⁱᵉ

J. MINOT & Cⁱᵉ IMPRIMEURS 5, RUE BÉRANGER, PARIS

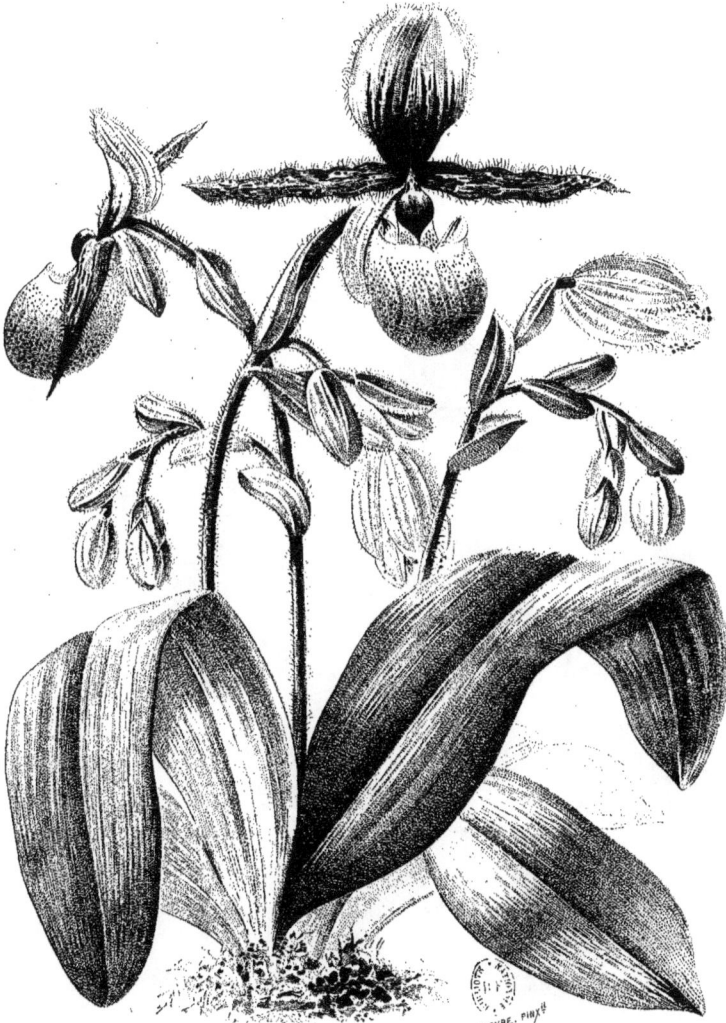

CYPRIPEDIUM CHAMBERLAINIANUM.

O. DOIN, Éditeur.　　　Nº 15318　　　Pl. 17.　　　Imp. J. MINOT
J. MINOT & Cⁱᵉ IMPRIMEURS 5, RUE BÉRANGER, PARIS

DAHLIA VARIABILIS

VARIÉTÉS SIMPLES HYBRIDES.

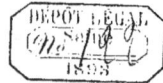

O. DOIN, ÉDITEUR.   PL. 18.   IMP. J. MINOT

J. MINOT & Cⁱᵉ IMPRIMEURS 5, RUE BÉRANGER, PARIS

DATURA

1. METELOIDES.   2. FASTUOSA FL.-PLENO.
3. (BRUGMANSIA) COCCINÉA.

O. DOIN, ÉDITEUR.   Nᵒ 15318   PL. 19.   IMP. J. MINOT

J. MINOT & Cⁱᵉ IMPRIMEURS 5, RUE BÉRANGER, PARIS

DENDROBIUM NOBILE.

O. DOIN, ÉDITEUR.   N° 15318   PL. 20.   IMP. J. MINOT

J. MINOT & Cie IMPRIMEURS 5, RUE BÉRANGER, PARIS

EPIDENDRUM VITELLINUM.

O. DOIN, Éditeur.   N° 15318   PL. 21.   Imp. J. MINOT

J. MINOT & Cⁱᵉ IMPRIMEURS 5, RUE BÉRANGER, PARIS

EUCALYPTUS

1. MARGINATA.   2. ROBUSTA.   3. OCCIDENTALIS.
4. ROSTRATA.   5. AMYGDALINA.

O. DOIN, ÉDITEUR.   PL. 22.   IMP. J. MINOT

J. MINOT & Cⁱᵉ IMPRIMEURS 5, RUE BÉRANGER, PARIS

FUNKIA

1. SUBCORDATA. 2. OVATA.

O. DOIN, Éditeur.

N° 15318

PL. 23.

IMP. J. MINOT

J. MINOT & Cⁱᵉ IMPRIMEURS 5, RUE BÉRANGER, PARIS

FUCHSIA

I. TRIPHYLLA.   2. BOLIVIENSIS.   3. MACROSTEMA GLOBOSA
VAR. RICCARTONI.

O. DOIN, Éditeur.   Pl. 24.   Imp. J. MINOT

N° 15318

J. MINOT & Cⁱᵉ IMPRIMEURS 5, RUE BÉRANGER, PARIS

Elisa Champin

LILIUM TIGRINUM

O. DOIN, Éditeur.   Pl. 33.   Imp. J. MINOT

LOBELIA PERENNIS HYBRIDA
BOUQUET VARIÉ.

MAGNOLIA GRANDIFLORA
1. GALISSONIERI.   2. NANETENSIS FL.-PLENO.

O. DOIN, ÉDITEUR.   PL. 35.   IMP. J. MINOT

MASDEVALLIA VEITCHIANA, GRANDIFLORA

1, 5, RUE BÉRANGER, PARIS.

O. DOIN, ÉDITEUR.　　　　PL. 36.　　　　IMP. J. MINOT

MAXILLARIA VENUSTA

O. DOIN, ÉDITEUR.   PL. 37.   IMP. J. MINOT

MILTONIA SPECTABILIS MORELIANA
VAR. ATRO-RUBENS.

NARCISSUS INCOMPARABILIS

1. ALBUS PLENUS (ORANGE PHÉNIX).   2. SULPHUREUS PLENUS.
3. SIR WATKIN.   4. LEEDSII.   5. L. ELEGANS.   6. L. DUCHESSE DE BRABANT.

NIGELLA

1. DAMASCENA. 2. HISPANICA.

N° 15485 J. MINOT, IMPRI·

O. DOIN, ÉDITEUR.

PL. 40.

IMP. J. MINOT

www.ingramcontent.com/pod-product-compliance
Lightning Source LLC
Chambersburg PA
CBHW070803210326
41520CB00011B/1813